資料 検修庫とその内外

↑東北線，常磐線，上信越線を走る列車の担当基地として，数多くの客車の定期検査や各種メンテナンスを行なってきた修繕庫。大型クレーンを使う作業は庫内中央付近で行なわれ，その前後は交検庫とあまりかわらない建物構成になっている。（尾久客車区）

ＳＨＩＮ企画

常にたくさんの車輌が入線している車輌基地は，いつの時代もファンの注目を集めるところ。本線運用からはずれた列車の留置場所であると共に，そこでは各種の定期検査，さまざまな整備や修理，旅客車の内外清掃などが行なわれ，構内にはその作業に向けた設備が見られる。

これらの種類や内容はもちろん担当する車種によって異なることになり，車輌基地の規模による差もあるはずだが，構内にあるものと聞いてイメージするのは，やはり洗浄関係の設備や検修庫になるのではないだろうか。中でも検査や整備といった作業が天候の影響を受けないように設けられた検修庫は，構内でも目立つ大きな建物で，車輌基地を代表する設備ということになる。

現在では車輌配置の集約化による作業内容の変化も見られるが，日常的に定期検査や各種のメンテナンスを担当している配置基地では，設備類の中でも特に重要なものと言えるのがこの検修庫。建物の大きさや形態，配置状態などはさまざまで，担当車輌の変化による改装，入線する列車の長編成化による増築延長などが行なわれた例も少なくない。

この検修庫内の作業となる定期検査には何種かがあり，その中でも実施機会が多いのは交検と略称される交番検査である。検査規定は以前といくらかかわっているようだが，基本的に前回検査からの日数制限，あるいは走行距離制限の範囲内に検査を実施。車輌を分解しないいわゆる在姿状態で作業が行なわれ，その専用庫は交検庫と呼ばれている。

また，この交検庫と一体化して，分解修理などに対応する工場のような検修庫が修繕庫。重度の整備や修理と共に台車の検査も行なう作業場で，台検庫と呼ばれることもある。このほか，機関車基地を中心に，運用前の点検となる仕業検査に使われる仕業庫が設けられた例があり，大規模車輌基地にはタイヤ偏摩耗の修

正設備を備えた転削庫の姿も見かけるが，これは電車基地に設置されている例が多いようである。

本書はこれらの検修庫の内外の様子をご覧に入れるもので，併せて鉄道模型の工作の参考にしていただくことを目的にしている。検査名や設備名は鉄道現場によって異なる場合も少なくないが，本書では多数派，あるいはわかりやすいと思われるものに統一して解説。車輌基地の中には後年に組織名がかわったところ，また，車輌基地自体が姿を消しているところがあり，写真説明に記した車輌基地名についても写真撮影当時のものに統一することにした。

↑うっすらと排煙が漂う検修庫内でDD511014が出番を待つ。ディーゼル機関車の交番検査にはAとBが設定されており，検査の深度を高めた後者では，電気機関車の台車検査に相当するような重整備を実施。ただ，使用する設備は両検査であまりかわらず，DL交検庫と通称される同じ建物内で作業を行なっている場合が多い。（佐倉機関区）

←日数満了によって交番検査を受けるEF5861の横に，やはりファンの人気を集めるEF651019が入線。電気機関車用交検庫のピット，パンタグラフ点検台や転落防止柵，整備用デッキなどは1輌分のものが多数派だが，交検庫自体の構成や設備類は基本的に電車用のものとかわらない。（田端運転所）

CONTENTS

COVER：国府津車両センター／新鶴見機関区／中原電車区

電車・電機用検修庫の構成とその設備

検修庫の概略

巻頭に記したように検修庫には何種かがあり，当然ながらそれぞれの作業に向いた構成のものになっている。同時に電車や電気機関車用，気動車用，ディーゼル機関車用，さらに客車や貨車用では内部の設備に差が見られるが，すべての検修庫の共通仕様と言えるのは下まわりの作業に向けたもの。走行性能やブレーキ性能に直接関連する車輪や台車につ

いては日常的な点検や整備が規定され，どの検修庫にも床面から掘り下げたピットが設けられている。

電車用交検庫や電気機関車用交検庫の設備で特徴的なものはパンタグラフ点検台で，ここでの作業機会が

↑3線のそれぞれに10輌編成が入線できる交検庫は，建物構体やパンタグラフ点検台が見せる幾何学模様が印象的。多種大量の電車が配置されていた電車基地にふさわしい規模のもので，ピットまわりはあまり類例が見られない機能的なものとなっている。（新前橋電車区）

←2024年現在，東海道線運用を中心とする大量の電車が配置されている大規模電車基地の検修庫。右側の3線（9〜11番線）が交検線で，近年になって増築された11番線の交検庫には，建物の構成に在来部分との差が見られる。左側の2線（12，13番線）は修繕線で，奥に見える修繕庫は交検庫に比べて背が高く，架線が引き込まれない入口は背が低いものであることがわかる。（国府津車両センター）

建物の構成

車輌基地の歴史も反映して検修庫にはさまざまなタイプのものがあり，木造やRC構造のものも知られているが，現在の多数派は鉄骨材を組立てた構体の表面にスレート波板の外壁を張った建物。屋根構造を中心にいくつかの形態バリエーションが見られる中から，ここでは図1に示した特に標準的と言える検修庫を例に，その構成についてまとめておく。

ここに描いたのは大型基地に設置例が多い電車用交検庫と修繕庫で，それぞれ2線が入り込む2棟を横に並べて合体させたタイプ。先に触れたように修繕庫は台検庫と呼ばれるこ

多いのは摩耗したシューの交換。パンタグラフに関連するそのほかの調整や整備といった作業もこの庫内で行なわれ，編成を崩さずに入線する電車用交検庫では庫内全域にわたる長い作業台の姿が見られる。

電気機関車用の仕業庫はこの電車用交検庫を短縮小型化したようなもので，基本的な設備類も同じ。入線時間が短いのでほとんどは扉を持たないタイプとなっている。

修繕庫や台検庫は定期的な台車の分解検査のほかに，さまざまな修理や改造工事のような重作業にも使用

される検修庫である。電車用や電気機関車用も架線は庫内まで引き込まれてなく，担当する車種による差がほとんどないのもこの検修庫の特徴と言えそうだ。主要な設備は分解作業時の重量物の抜き出しや組込み，吊り上げや移動に使われる天井走行クレーンだが，小規模な修繕庫では地上のレール上を移動する門形クレーンを使用。天井走行クレーンは庫内全域をカバーするものが多く，交検庫よりずっと背の高い建物になっていることもこの検修庫の特徴である。

図1

修繕庫（台検庫）

交検庫

A：鉄骨材を組立てた建物構体・B：スレート波板張りの外壁・C：スレート波板張りの屋根板
D：観音開きの扉・E：シャッター式の扉・F：樹脂波板の外壁採光窓・G：樹脂波板の天井採光窓
H：庫内に引き込まれる架線・I：庫内に引き込まれない架線・J：線路外側まで掘り込まれた開放ピット
K：埋込式照明灯・L：パンタグラフ点検台・M：車輌屋根への渡り口・N：転落防止柵・O：通常ピット
P：天井走行クレーン・Q：クレーン走行レール・R：クレーンメンテナンス用階段・S：屋根上換気装置

↑背が高い右側の修繕庫から左側の交検庫へと，一律に傾斜した屋根が特徴の電気機関車用検修庫（東新潟機関区）

ともあるが，以下では呼びかたを前者に統一することにした。

建物の基本形はノーマルなへの字形の屋根を持つ四角いタイプで，機関車基地の仕業庫はこのような形態のものがほとんど。交検庫や修繕庫の場合も同様だが，両者の接続具合や部分的な増線，作業場や付帯設備との位置関係などによってさまざまな建物形態が生まれている。

屋根上採光窓の多数派は図2のAに示したように建物全長にわたって半透明樹脂波板を張ったもので，庫内の明るさが均一で連続したものになるのがメリット。Bは小さな窓をいくつも並べたもので，このタイプは比較的以前に建造された検修庫に多く見られるようだ。また，半透明樹脂波板を使った採光窓でも，Cのようにスレート波板と交互に張られ

たものがあり，これは建物の構体と関連しているのかも知れない。Dは左右の屋根が交互に延びて，2方向に垂直な採光窓を持つ構造のもの。同様に建造からの経年が感じられる建物構造としては，古い工場を想わせるEのようなノコギリ状の屋根を持つものも挙げられる。建物の構体が複雑な構造になる反面，採光窓に広い面積が得られ，垂直になってい

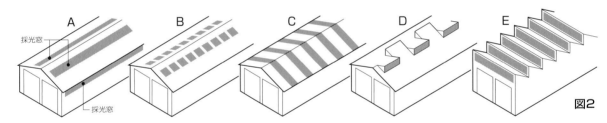

図2

↓妻壁が設置されていない建物構造となった電気機関車用仕業庫。側面の様子から増築延長されていることがわかる（高崎機関区）

↑ノコギリ形の屋根を持つ電気機関車用検修庫。交検庫線と修繕庫線の計7線が入り込む大型庫である（吹田機関区）

ることで着雪しにくく，離雪しやすという点がメリット。この構造は比較的大型の検修庫に例が見られる。

屋根上には換気装置を持っていることが多く，電車用や電気機関車用の検修庫には一般的に独立型のもの

をいくつも設置。気動車用やディーゼル機関車用の検修庫では，新しい建物の場合も一体化された長いもの

↑半透明樹脂波板の採光窓が検修庫全長にわたる屋根上と，庫内から眺めた採光状態。→

↑庫内から眺めたノコギリ形屋根の採光状態。壁面の窓はかなり大きなものである。

3線の交検庫と左奥に見える2線の修繕庫を一体化した大規模電車基地の検修庫。屋根はノコギリ形のものだが，正面側からは屋根が平らで四角い建物に見える。（田町電車区）↓

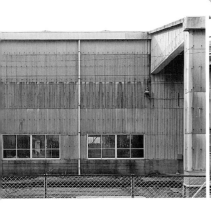

←↑下側に通常窓を，上側に半透明樹脂波板の採光窓を設けた一般的と言える側面外壁。右側のものはピットまわりへの採光を得るために，地上まで達する大きな窓を設けている。

↑上側に通常の窓を持つ側面。左側の交検庫はこちら側に事務所や作業場を併設している

↑横の線路の架線柱を組込んだ側壁の例

になることが多く，これは換気量の差によるものと言えよう。

　側面外壁はスレート波板を縦方向に張ったもので，下側には窓をいくつも並べているが，その大きさや並びかたなどはさまざま。電車用交検庫など，長い建物の場合は途中の何個所かに作業員用の扉も設けられている。このほか，屋根に近い上側にも連続した窓を設けている建物が多く，屋根上に使われているものと同じ半透明樹脂波板を張って採光。電車用や電気機関車用の検修庫ではこのあたりにパンタグラフ点検台があ

り，下側のものと同様の通常窓を設けている例も見られる。

　妻面外壁も側面とかわらない構成で，背が高い修繕庫の場合は入口上部の大きな壁面を採光窓に利用。また，扉を持つ検修庫の場合は，その開閉に関係なく作業員が出入りでき

↑3線の電車用交検庫。パンタグラフ点検台は右側の2線用が線路間に，左側の1線用が側壁に取付けられている（北長野総合車両所）

8

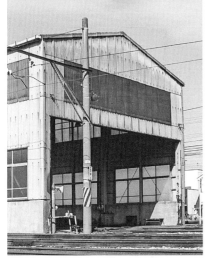

↑架線が入り込まないために入口の背が低いディーゼル機関車用仕業庫。(佐倉機関区)

↑屋根の頂部が片側に寄っている2線の電車用交検庫。屋根からの採光は左右交互に並ぶ垂直な窓から得ており、奥に見える修繕庫のノーマルな採光方式と異なる。(中原電車区)

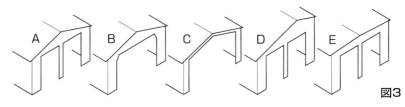

図3

る扉も設けられている。

　妻面の形態もさまざまで、電車用や電気機関車用の交検庫や仕業庫の主なものを**図3**に示しておいた。AとBは線路間の壁面や柱の有無が相違点で、当然ながら後者のほう開放的な印象。実例を見る限り、この壁面や柱がない建物構造は3線程度までが限界のようだ。さらに電車用や電気機関車用仕業庫の中にはCのような形態のものもあり、妻壁がないために庫内が明るいことが特徴。庫外から内部のパンタグラフ点検台や転落防止柵、そして入線している車輌までよく見えるものも多い。

　Dは妻壁が左右非対称形になっている建物で、これは別の検修庫との接続関係、あるいは横に事務所や詰所、作業場を併設している場合がほとんど。背の高い修繕庫の屋根がそのまま隣の交検庫まで延びた検修庫も見かけることがある。また、Eは屋根の傾斜が緩く、正面からは妻壁がほとんど四角形のように見える検修庫。どちらかと言うと建設時期が新しい交検庫に見かける形態だが、もちろん降雪地の検修庫の屋根には向かない構造ということになる。

　交検庫や修繕庫は入口に扉を持っているものが多く、内部まで架線が入り込む電車用や電気機関車用交検庫のものは観音開き式に開閉。この扉は形鋼を組立てた枠組に鉄板を張ったもので、上部には架線を避けるための切欠きの姿も見られる。一方、修繕庫のほうは庫内まで架線が入り込まないので入口の背が低く、ディーゼル機関車や気動車用の検修庫のようにシャッター式の扉になっている場合がほとんどである。

↑電車用交検庫の扉の開閉状態。扉の上部には架線を避けるための切欠きが見られる

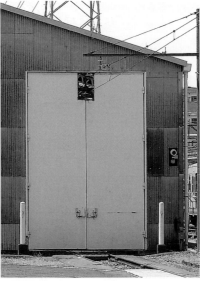

↑庫内全体が非架線域となる修繕庫の入口部分。架線はこのように碍子を介して妻面外壁へと結ばれ、すぐ横には架線終端標識が掲げられている。

← ↑左から通常ピット，開放ピット，床面ピット

図4

電車・電機用交検庫

交検庫内部の床面はほとんどコンクリート打ちとなっているが，近年では通路帯や警戒ラインをカラー舗装した例もあり，検修現場の雰囲気も以前とはかなりかわってきた。庫内の線路には車輌の下まわりの点検作業や整備作業を行なうためにピットが掘られており，交検庫のものは線路の外側も掘り下げた開放ピットに，次に述べる修繕庫のものは通常ピットになっている場合がほとんど。

それぞれ，在姿状態で行なわれる交番検査，及び台車検査や修理などに使いやすい構成となっている。

図4はこのピットの断面形態を描いたもので，シンプルな通常ピットに対し，開放ピットは底面から立つコンクリート脚が形鋼に載ったレールを支える構造となっている。さらに一部の電車用交検庫では隣り合う開放ピットをつなげたようなものが見られ，これは当然ながら作業性の面でも特に優れた構成。床

通常ピット　　　　開放ピット　　　　床面ピット

面ピットと呼ばれるように，床面からレールを支えるコンクリート脚が立ち，線路が高く見える庫内は独特の雰囲気のものとなっている。

電車用交検庫の開放ピットは，小規模基地のものを除いてほとんどは庫内全長に延びており，入線編成を移動させることなくすべての車輌の

↑交番検査と仕業検査に対応できる6輌規模の電気機関車用検修庫。このように庫内全長にわたって開放ピットが掘られている（富山機関区）

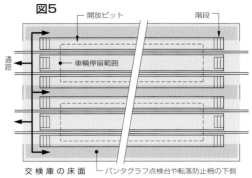

図5

開放ピット　　　　　　　　階段

通路　　　車輛停留範囲

交検庫の床面　　パンタグラフ点検台や転落防止柵の下側

↑交検庫入口の開放ピットが始まるあたり。ピットは途切れることなく反対側入口まで続き，それに沿った通路も作業エリアに含まれることになる。

作業に対応。当然ながら前後に少し余裕を持たせた長さになっており，その両端には床面から降りるための階段が設けられている。図5は2線交検庫の内部を描いたもので，やはり庫内全長にわたるパンタグラフ点検台，そして転落防止柵の下側といったピットを囲むスペースが，その

まま作業用エリアや通路として機能。この構成は1線庫や3線庫の場合も基本的にかわることがない。

一方，電気機関車の交番検査は1輌ごとに行なわれるために，その交検庫は電車用より短いものとなるのが普通。やはりこちらも開放ピット上に入線した作業になるが，長いピ

ットの場合は使用しないところに取りはずし式の蓋をしたり，要所に渡り板を掛けている例も見られる。

このような開放ピットを使った車輪や台車，機器類といった下まわりの整備と同時に，電車や電気機関車の交番検査ではパンタグラフまわりを対象とする整備も重点的に行なわれている。この整備に備えた作業台がパンタグラフ点検台で，車輌の屋根に合わせた高さに設置。途中の何

↑開放ピット，パンタグラフ点検台が建物全長にわたる典型的な構成の交検庫。転落防止柵の取付状態もよくわかる（中原電車区）

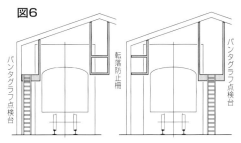

図6

パンタグラフ点検台

転落防止柵

パンタグラフ点検台

個所かに柵が途切れた渡り口を設けてあり，そこから屋根上へと出られるようになっている。

この点検台は建物構体から出た梁が支えるような取付かたになっており，その下側を作業スペースに利用しているのは前述のとおり。床面から点検台へと昇る階段が両端に設けられているもののほか，途中の要所に設けているものも見られる。

図6は建物構体と一体化した一般的なパンタグラフ点検台，そしてセットで設置されていることが多い転落防止柵の配置を描いたもの。2線庫の場合は左のように点検台が壁面側に位置する設置方法がほとんどだが，右のように線路間に挟まれた設置になる場合もあり，これは線路間隔に関連して決まってくるのかも知

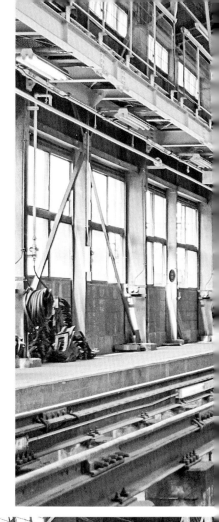

れない。転落防止柵は文字通り作業員の安全用に設けられており，線路間のものは建物構体の天井部分から吊り下げる形に設置されている。

なお，担当線区の電化，あるいは配置車種の変化などで，後年にパンタグラフ点検台を装備した交検庫もあり，そこで見かけることがあるのは床面から立つタイプ。屋外設置型をそのまま庫内に持ち込んだように設置されている

このほか，点検台上，あるいはその近くには，庫内への通電状態を示す表示灯も設置されている。屋根上作業時に庫内通電をカットする開閉器は交検庫の入口近くにあり，その操作に連動して表示灯が「入」と「切」の文字どちらかを電照。以前はサイコロが回転するような装置だったが，近年はほとんどがLED点灯による表示装置にかわっている。通電開閉器を「切」状態にすると抜き出せる鍵で階段下の扉を開くなど，高圧電流に対する保安面を高めているパンタグラフ点検台もあるようだ。

↑近代的な構成となった電車用交検庫の内部。架線はパンタグラフ点検台と転落防止柵を結ぶ形鋼に取付けられている。（新前橋電車区）

↑奥に天井走行クレーンが見えることからもわかるように，かつての修繕庫の入口側に架線を引き込んで交検庫の機能を持たせた例。追加工事のパンタグラフ点検台は右側の線路だけに設置されており，転落防止柵も簡単な構造のものであった。（八王子機関区）

↑幹線を代表する特急型車輌が数多く入線してきた伝統ある大規模電車基地の交検庫内部。このあたりは2線庫，この先は3線庫となっている。真っ直ぐに延びる開放ピットや壁面に沿うパンタグラフ点検台，線路間の転落防止柵が何とも印象的である。（田町電車区）

庫内に引き込まれた3線の全域が床面ピットになっている近代的な電車用交検庫。線路の周囲を掘り下げたというより，線路のほうを持ち上げたように見える庫内で，特に作業性に優れた構造であることは容易に想像できる。（北長野総合車両所）→

↑現在は組織統合によって基地名がかわり，周辺線区で運用される211系の集中配置基地になっているが，かつては185系，165系，115系，107系など，バラエティーに富んだ車種を担当。3線10輌編成対応の交検庫に次々と入線する姿が見られた。（新前橋電車区）

←6輌編成分の長さがある電車用交検庫に，南武支線運用の101系2輌編成が入線。配属されてから日が浅い本線用の209系と顔を合わせた。（中原電車区）

↑ノコギリ形屋根の検修庫は，前後で入口の形態がかなり異なることも特徴。これは幹線列車牽引機が次々と入線する電気機関車用交検庫で，3線に交番検査用の設備を備えている。入口の扉は木枠に板を貼ったもので，採光窓の付きかたも独特。いちばん左側の扉には閉鎖時に作業員が出入りするための扉が組込まれている。（吹田機関区）

↑EF210が交番検査を受ける電気機関車用交検庫。地上設置型のパンタグラフ点検台は長さが機関車1輌分，あるいは2輌分で，電車用交検庫の設備とは印象がかなり異なるものになっている。HD300が入線しているのは修繕庫のほうの線路だが，このように境界もわからない連続した空間になっている。（新鶴見機関区）

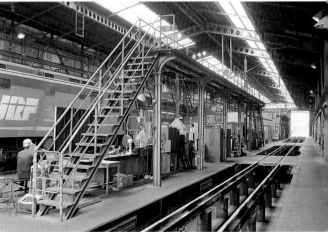

建物構体にガッチリと取付けられたレール上に，長いスパンのガーダーが載った天井走行クレーン。修繕庫を代表する設備で，ガーダー上のクラブトロリーが横方向に走行移動することで，庫内の全域に対応している。（長町機関区）↓

↑交検庫に比べてずっと背が高い建物であることも修繕庫の特徴。電車用の修繕庫も庫内には架線が入り込んでいない。（田町電車区）

↑大規模電車基地のものにふさわしい長さの修繕庫。架線が引き込まれていない入口が修繕庫の背の高さを強調する（幕張車両センター）

電車・電機用修繕庫

ここまで何回か触れたように多くの修繕庫は交検庫と一体の建物になっているが，そこで行なわれる作業は交番検査や仕業検査といったものと基本的に異なり，設備の面にも大きな違いが見られる。この修繕庫で行なわれる作業としては，車体から抜き出して徹底整備をする台車検査が知られており，このほかにも各種の部品や機器の修理や整備，突発的に発生した故障への対応，分解を伴うさまざまな重作業もこの修繕庫の内部で実施。まさしく車輌基地の中の工場と言える存在で，担当車種による建物設備の差があまり見られないことも特徴となっている。

また，電車用や電気機関車用の修繕庫でも庫内に架線が引き込まれていないが，これは車体を持ち上げたり，機器を吊り上げたりする作業に支障するため。このために電車基地では別の編成やクモヤなどを使って押し込みや引き出しをする必要があり，間に予備の車輌をスペーサーのように挟む入換シーンも見かける。

現在では運用自体がなくなってしまったが，かつて鉄道工場と結んで機器や部品を運搬していた配給電車の着発点となっていたのもこの修繕庫。できるだけ庫内の奥まで入線できるように，クモルだけでなく，クルのほうにもパンタグラフを設置していたことが知られている。電気機関車の場合ももちろん自力走行はできないが，こちらは押し込みや引き出しにアントと呼ばれる小型移動機を使っている場合がほとんど。この

↑検修庫としては少数派と言えるRC造りの建物構造，そして屋根の形態や採光窓の付きかたに特徴がある電車用修繕庫。1961年建築という歴史を感じさせる建物である。（勝田電車区）

↑工具やその収納棚，吊り上げ用ロープなどが並ぶ修繕庫の内部。壁面上部には天井走行クレーンのレールが通っている（新鶴見機関区）

アントを使う移動は小規模電車基地でも見かけることがある。

　建物の構成は基本的に交検庫とかわらないが，修繕庫の場合は後述する天井走行クレーンの移動空間が必要で，かなり背が高いことが特徴。架線が入り込まない入口はシャッター式の扉になっている。

　庫内の床面はコンクリート打ちとなっている場合がほとんどで，比較的以前に建てられた修繕庫には，油を使う作業に備えて，木レンガと呼ばれる木片を敷き詰めている例が多い。また，交検庫のほうで触れたように修繕庫には通常タイプのピットが設けられているが，これは重量部品の抜き出しや組込みに備えたもの。交検庫の役割も果たすような修繕庫には一部に開放ピットを設けた例も見られ，その場合も分解作業を行なうエリアのものは通常ピットになっていることが多いようだ。

　この修繕庫の設備の中でいちばん大型であり，いちばん重要なものが天井走行クレーンである。重量部品や機器類の抜き出しや組込みの際の吊り上げ，作業場などへの移動に使用されるもので，庫内のほぼ全長に

←↑天井走行クレーンのガーダー。鉄骨を組立てた骨組に厚い鋼板を張ったタイプやトラス構造タイプなど，その形態にはさまざまなものが見られる。

車体を持ち上げて台車を抜き出し，機能検査や各種の整備が進むEF64-1000の台車検査シーン。この修繕庫はリフティングジャッキを据え付ける入口側の抜き出し部分がコンクリート打ちの，そのほかの部分が整備作業に備えた木レンガ敷きの床面になっている。（高崎機関区）→

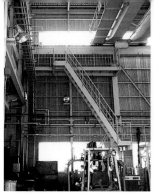

↑天井走行クレーンの点検整備用に妻壁の近くに準備されている階段。

仕切る壁面がないので連続した空間になった修繕庫と交検庫。向こう側に入線しているEF65と比較すると，天井走行クレーンのレールがかなり高いところを通っていることがわかる。（吹田機関区）→

わたって壁面上部に取付けられたレールの上をガーダーが走行。その上に載ったクラブトロリーと呼ばれる巻き上げ機が横方向に走行することで，庫内のほぼ全域をこのクレーンの届く範囲としている。

ガーダーやクラブトロリーの走行装置，巻き上げ装置への給電はレールに沿って張られた三相交流架線から行なわれ，その集電装置には車輌用を小型化したようなパンタグラフを使用。運転は言うまでもなく作業

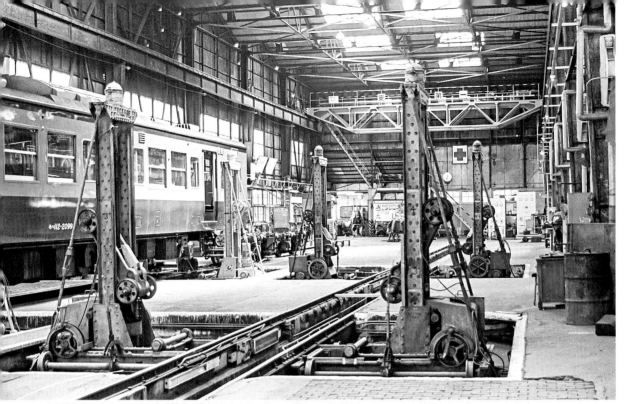

↑修繕庫内ではモハ112の台車検査が進行する。リフティングジャッキは組立にリベットを使用したかなり古いタイプで，レール上を左右方向や前後方向に移動させて設置位置を調整。現在の標準仕様と言える据え付け型とは外観の印象もかなり異なる。（田町電車区）

の進行に合わせることになり，操作スイッチは吊り上げフック近くに下げられていることが多い。この天井走行クレーンは部品や機器類だけでなく，リフティングジャッキのセッティングやアントの転線にも使用されるなど，庫内の重量物の移動に欠かせない設備ということになる。

なお，小規模な修繕庫の中には天井走行クレーンが設置されていないところもあり，庫内床上のレール上を人力で前後移動させる門形クレーンを使用。電動のチェーンブロックが装備されている場合も多いが，やはり吊り上げ能力は天井走行クレーンよりずっと劣ることになる。

修繕庫で使用されるもうひとつの主要な機器が，台車を抜き出す際に車体を持ち上げるリフティングジャッキである。これは減速機付きモーターがネジ軸を回転させることによって，ツメが上下方向にスライドする構造。このツメを車体台枠の枕梁部分に掛けて，台車を抜き出せる高さまで車体を持ち上げる。

このリフティングジャッキは固定設置されたものではなく，車輌によ

←台車の抜き出し時に車体を持ち上げるリフティングジャッキ，車輌の引き込みや引き出し，台車の移動に使うアントが姿を見せる電気機関車用の修繕庫。このようにパンタグラフ点検台を併設しているところもあり，突発したパンタグラフ関係のトラブルには，クレーン作業ができる修繕庫が使用される。（新鶴見機関区）

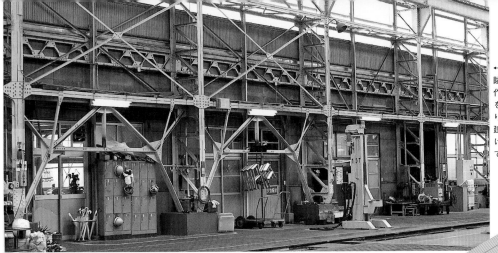

←修繕庫の内部から眺めた詰所や各種の作業場。建物の高さを修繕庫の採光窓より低く抑え，入口を建物構体の骨組を避けるように位置させていることがわかる。

って異なる枕梁の位置に合わせて設置位置を調整。かつては床面のレール上に載って左右方向と前後方向に移動するものもあったが，現在はクレーンで吊り上げて移動することができる据え置き型のものにかわっており，構造的にもコンパクトなタイプが主流となっている。

　このリフティングジャッキは言うまでもなく4基をワンセットにして使用。上下動はすぐ近くにある制御盤で行なっており，4基の同時運転のほか，高さの微調整用に1基ずつの運転ができるようになっている。

　以上のように修繕庫は車輌基地の工場のようなところということになり，詰所，作業員の休憩室，車輌部品や資材類の倉庫，工具室，工作機械が設置された作業場，溶接作業場など，たくさんの部屋を併設。その内部や周辺には工具類の収納棚やロッカーを始めとするさまざまなものが並んで，検修現場ならではの活気を見せている。その構成は当然ながら車輌基地の規模によっても異なってくるが，**図7**に一般的と思えるものを示しておいた。

修繕庫（台検庫）

工作室や作業場

部品，資材倉庫

詰所や休憩室

図7

典型的な規模や構成と言える電車用2線修繕庫の内部。この時は先頭車クハ204を切り離して押し込まれ，臨時修理を受けるモハ204の姿が見られた。（中原電車区）↓

↑幹線列車の交番検査を担当してきた客車基地の交検庫。2線庫とは思えない大きさで，線路の両側にかなりの余裕が見られる（品川運転所）

そのほかの検修庫とその特徴

前項で電車用や電気機関車用の交検庫や修繕庫を例に，建物の構成や設備類について紹介してきたが，もちろん気動車やディーゼル機関車，客車や貨車のメンテナンスを担当する検修庫もあり，庫内には検査内容に合わせた設備類を配置。ただ，それらの中には電車用や電気機関車用とかわらないものも多く，ここでは車種ごとに特徴的と言える設備についてまとめておくことにする。

客車用や貨車用の検修庫は基本的に下まわりの点検や整備，修理などのために設けられており，客車用については交検庫と修繕庫を兼ねたもの，及び両者を別体としたものが見られる。後者は言うまでもなく所属車輛が多い大規模車輛基地のものだが，現在ではそのほとんどが姿を消しており，本書では寝台客車が最後の活躍を続けていた頃に残っていたものをご覧に入れることにした。

交検庫は電車用からパンタグラフ点検台をはずしたような構成が基本

形。ただ，エアコン関係の整備のために追加設置されたと思われる屋根上作業台を持つ例もあり，電車用パンタグラフ点検台のように編成全長にわたる長いものも見られた。ピットは通常タイプと開放タイプの両方の設置例があり，建築時が新しい交検庫には作業性に優れた開放タイプが採用されているようだ。交検庫内は電化路線の基地も含めて非架線域となっており，編成の押し込みや引き出しは構内常駐の入換用ディーゼル機関車が担当していた。

修繕庫は電車用や電気機関車用のものと同様の構成で，天井走行クレーンが設置されていない場合には交検庫とあまりかわらない外観になるが，庫内の台車を抜き出す分解線にはリフティングジャッキを設置。かつての客車と異なって，エアコンや床下発電装置類の修理や交換といった作業も必要になり，クレーンが対応する範囲を拡げたり，重量部品の搬入出に使う装置を設けている。

貨車用検修庫は客車用を小型簡略化したようなものが多かったが，現在では大きな車両所に定期検査全般を集中させる例が増え，既設の設備を生かす形で一部の機関車基地も貨車の定期検査を担当。本書には臨海鉄道の貨車区に設けられている貨車用検修庫の様子を示しておいた。

ディーゼル機関車の交番検査は作業の深度に差があるAとBが設定されているが，作業自体は同じ修繕庫内で実施。エンジン関係の整備には天井走行クレーンが欠かせない時もあり，交検庫の機能を併せ持つ修繕庫をそのままディーゼル機関車用検修庫，あるいはDL検修庫のように呼んでいる場合が多いようだ。

日常的な点検もエンジンに関連するものが多く，検修庫内でよく見かけるのは機関車のボンネット側面の扉を開いて整備を行なっている様子である。この整備用に線路の両側に用意されているのが高さを機関車のデッキ部分に合わせた作業台。電気機関車修繕庫に見られないものながら，これはディーゼル機関車庫に欠かせない設備ということになる。

気動車用検修庫にもさまざまなも

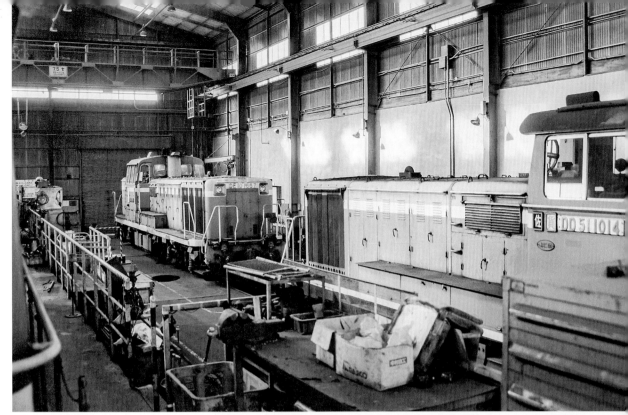

↑まだ首都圏運用に就いていたDD51が姿を見せるディーゼル機関車用検修庫。2種の交番検査はこの庫内で行なわれていた（佐倉機関区）

のが見られるが，大規模基地では電車用検修庫と似た構成になっているのが普通。基本的に屋根上作業がないことから，交検庫にパンタグラフ点検台が設置されていないことが相違点で，修繕庫についてはディーゼル機関車用検修庫とほとんどかわらないものと言うことができる。

このほか，運用線区が同じことから気動車とディーゼル機関車が同一基地に所属する場合もあり，当然ながら同じ検修庫の中でそれぞれの検査を実施。また，気動車区の派出，あるいは機関支区のようなところには仕業庫が設けられた例もあり，規模の大きなものは所属基地の交検庫と同じような建物となっていた。

その仕業庫は雨天の際の仕業検査に備えた，大きな設備を持たない簡単な構成の検修庫である。これは電車基地であまり見かけることがなく，ほとんどは電気機関車やディーゼル機関車の基地の出口側に設置されているもの。機関車1輌，あるいは2輌の同時検査を行なえるようなものが多数派だが，幹線列車牽引機が集まる基地には電車用交検庫を想わせる長さのものも見かける。

↑気動車用修繕庫の内部。この基地には近くの貨物駅で入換を行なうディーゼル機関車が常駐しており，その仕業検査に備えた作業用のデッキも設置されていた。（茅ヶ崎機関区）

検修庫としてもうひとつ触れたおきたいのが，車輌の大量配置基地に設置例がある転削庫である。これは偏摩耗したタイヤの削正設備を備えた検修庫で，車輪を抜き出さない在姿状態のまま作業が行なえるのが特徴。このために架線が庫内をそのまま通っており，電車の場合も当該車輌だけを編成から抜き出すようなことが不要になる。この転削庫，独立した建物になっているもののほか，修繕庫から張り出すように位置するものがあり，機関車基地では線路の終端部分に設置した例も見かける。

23

客車用交検庫と修繕庫

↑終端側から眺めた交検庫の内部。屋根上点検台があるので電車用検修庫のように感じられるが，もちろん庫内には架線が引き込まれていない。この点検台は片側の線路の両端だけに設置されており，どちらも長さは客車2輌分程度。台車関係の整備を行なう修繕庫の点検台は簡単な構成のものだったので，こちらが主に使われていたようだ。車止めの横を通ってすぐにカーブする右側の線路は，旧型客車時代に使われていたバッテリー運搬トロッコのもので，近くの専用作業場との間を結んでいた。（品川運転所）

↑長編成列車の交番検査に備えた長い交検庫。向こう側の延長増築部分は幅が広く，そのあたりには4線が引き込まれていた（品川運転所）

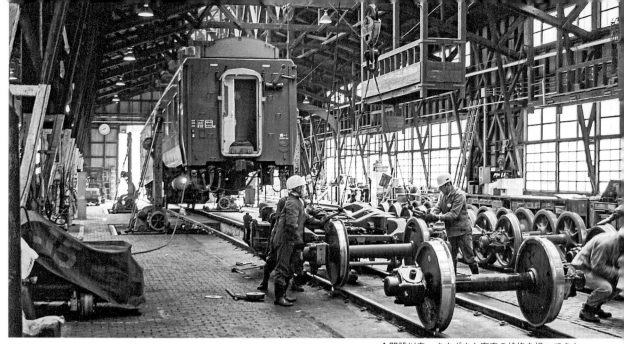

建物本体だけでなく，屋根上点検台や転落防止柵まで木造という，新設からの長い歴史が感じられる修繕庫。上写真に近いポジションからの撮影で，リフティングジャッキがレール上スライド型から据え付け型にかわっているのがわかる。（品川運転所）↓

↑開設以来，さまざまな客車の検修を担ってきた修繕庫の内部ではオハネ25の台車検査が進行。連続した長距離運用をこなす寝台特急用車輌は距離対応で定期検査を受けていた。（品川客車区）↓

←編成から切り離されたカニ24が引き込まれている交検庫の内部。電源車はほかの車輌に比べて点検や整備が行なわれる機会も多く，交検庫の九州側に位置していたこの点検台が多く使われていた。（品川運転所）

↑首都圏着発列車の大型検修基地として，品川客車区と双璧をなした客車基地の交検庫と修繕庫。両者はほぼ同じ長さで，それぞれに入り込む計4線の線路は通り抜けができるものになっている。上は交検庫内部の入口付近で，屋根の採光窓が大面積のものであることもこの建物の特徴。右は修繕庫の内部で，一部に屋根上点検台が設置されているほか，中央付近にはクレーンが装備されている。（尾久客車区）→

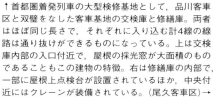

客車列車が淘汰される近代化を背景に，かつては日本中に見られた客車用検修庫も，ほとんどその姿を見ることがなくなった。そんな中，後年になって設置されたのがこの検修庫で，最後の新築専用庫となりそうなもの。これはイベント運転に登場する旧型客車，そして波動輸送に使われる12系客車のメンテナンスを担う検修庫で，庫内が明るく機能的と思える構成なのはご覧のとおりである。建物は客車庫とは思えない背の高さで，一部に屋根上整備用作業台を持つなど，新設の検修設備に相応しい内容のものとなっている。（高崎運転所）↓

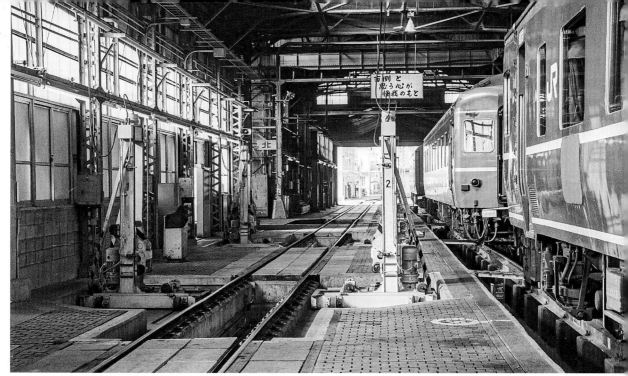

↑修繕庫の台車抜き出し部分。レール上スライド型のリフティングジャッキは床面を掘り下げて設置されている（尾久客車区）

↑1線庫ながら線路の両側に広い作業スペースを設けてあり，点検台は建物構体からかなり突き出した梁に支えられている

←↑エアコンの修理や交換などの作業に使われるホイストも作業台と同じ範囲をカバーしており，天井の構体から下がるそのレールは，車輌の真上を通る位置となっている。

貨車用検修庫

↑廃止されたJRの貨物ターミナル駅に代わり，臨海地区を走る列車が着発する貨物駅の構内に設置された貨車用検修庫。駅の着発線や留置線に隣接するように位置しており，その庫内では日常的に交番検査や各種整備が行なわれている。2線が入り込む建物は増築延長されたことがよくわかる外観で，背の高いほうが天井走行クレーンを持つ増築側。屋根の形態も在来側とは大きく異なっている。（京葉臨海鉄道千葉貨物駅）↓

↑へ字形の屋根からほぼ平面状の屋根へとかわる個所。その前後で構体の骨組構成，使用されている形鋼の太さが大きく異なるのがわかる。検修庫の増築延長例はけっこう見かけるが，それぞれに現物合わせ的な設計が行なわれているのであろう。→

↑庫内終端部あたりから眺めた入口側。天井走行クレーンがカバーする範囲は増築側だけで，開放ピットも増築側にのみ設けられている

↑増築側のほぼ全域をカバーする天井走行クレーンは，真っ直ぐなガーダー2本を並べたタイプ。吊り上げ重量は電車用や電気機関車用修繕庫のものとかわらない7.5トンとなっている。

←既存建物側のクレーンは床面レールに載る門形タイプで，人力によって前後方向を移動させるもの。ガーダーの形鋼に案内される電動チェーンブロックの吊り上げ能力は5トンである。床面レールはこのあたりが終端部となっており，この先への移動には天井走行クレーンを使用することになる。↓

ディーゼル機関車用検修庫

↑終端部側，及び入口側の両方向から眺めたディーゼル機関車用検修庫の庫内全景。作業員の声が飛び交う活気ある検修現場も，検査車輌が入線していない時には静かで広い空間に感じられる。上写真の右側，そして下写真の左側の線路が交番検査Bの実施エリアで，横にはリフティングジャッキを始めとするさまざまな設備や機器が集結。向こう側の線路は交番検査Aの実施エリアで，ここにはほかの検修庫と同様に作業用デッキが用意されている。（佐倉機関区）↓

↑多くの貨物駅に出向する入換用機関車が集中配置されていたディーゼル機関車基地の交検庫。運転部門を持たない検修専門基地として，構内には交A庫と交B庫と称する2棟が設けられていた。上は重度の作業を行なう交B庫の内部で，台車を抜き出したDE10のエンジンや減速機関係の整備が進行中。下は在姿状態で点検整備を行なう交A庫の内部で，この時はDE11と共にDE10無線操縦試験機の姿が見られた。内部構成や機器類が電気機関車用修繕庫とほとんどかわらない交B庫に対し，交A庫のほうは深く掘られた広い開放ピットや，そこから立ち上がる作業用デッキが目立つ存在である。（品川機関区）↓

↑この車輌基地にはDD51やDE10と共に気動車が配置されており，その定期検査や各種の整備にも使われる2線の検修庫。手前がディーゼル機関車の交番検査Bに対応する線路で，リフティングジャッキのセット位置となる部分が通常ピットに，台車まわりの整備エリアが開放ピットになっているのがわかる。（高崎運転所）↓

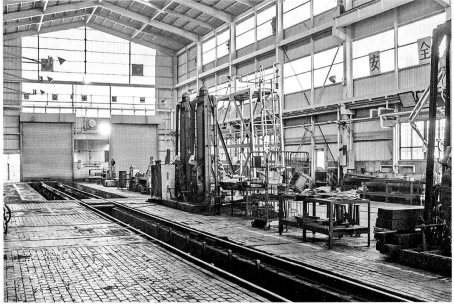

←↑ディーゼル機関車基地の交A庫や仕業庫に設置されている作業用デッキ。対向式ホーム状のものと島式ホーム状のものがある。

1998年の開設時に新造されたディーゼル機関車用検修庫で，庫内線路は入出区線から折り返す形で引き込まれる3線。線路間が広く，採光面に優れた検修現場なのはご覧のとおりで，片側の2階部分には事務所なども組込まれている。庫内は建物構体の柱を挟んで，1線の交A庫と2線の交B庫が位置しており，有効長がいくらか短い前者のほうには作業用デッキを設置。電車用や電気機関車用修繕庫とかわらない後者のほうは，もちろん庫内全域が天井走行クレーンのカバー範囲となっている。（川崎機関区）↓

気動車用検修庫

↑首都圏近郊で見ることができた気動車用検修庫で，この頃は大量配置されていたキハ30系を担当。入口側の交検庫とその先の修繕庫を縦方向に並べたもので，検査全般用に大型設備を持つ後者が，庫内の広い範囲を占めていた。当然ながら架線が引き込まれていない交検庫部分は背が低い建物になり，電車用のものと基本的にかわらない修繕庫部分が，より背の高い建物のように感じられる。（茅ヶ崎機関区）

←外壁が下見板張りからトタン板張りにかわり，さらに現在のパネル張りへとかわっているが，屋根上の大きな排煙口に蒸気機関車時代の面影を残す木造検修庫。排煙口が片側に寄っているのは途中に建物の短縮化があったためと思われ，以前に撮影された写真と比べると，側面窓上の排煙口が埋められていることもわかる。全長は仕業庫のように見える気動車1輌分程度だが，現在は主に清掃関係の作業に使われているようだ。（幕張車両センター木更津派出）↓

所属するキハE130の衛星電話アンテナの点検調整をメインにした，特殊な目的で新造された検修庫。形鋼の支柱の上に建物を載せたような独特の形態で，片側の側面には屋根に昇るための階段が設置されている。（幕張車両センター木更津派出）↓

←2線で横に詰所の張り出しを併設するなど，ノーマルな形態と構成になった電気機関車用仕業庫。パンタグラフ点検台への採光を得る側面上部の窓は一般的な開閉式のものだが，妻壁上部の三角形部分には全体に半透明樹脂波板が張られている。（吹田機関区）

機関車用仕業庫

建物の構造や全体サイズ，そして外観は上の仕業庫に似ているが，こちらは側壁上部の採光窓が大面積のものになっていることが特徴。また，手前側の入口は大きな開口部になっているが，反対側の入口は1線ごとに分かれており，さらに扉を備えているなどの差がある。パンタグラフ点検台は線路間に挟まれた少数派と言える設置形態で，左右の側壁のほうに転落防止柵が取付けられている。（東新潟機関区）↓

←↑電気機関車とディーゼル機関車が共通使用するコンパクトな仕業庫。屋根から2線間に下がる転落防止柵はパンタグラフ点検台を兼ねたものになっている。（田端運転所）

←近隣線区で重連総括運用されるEF64が大量に所属していた機関車基地の仕業庫。構内のいちばん奥に位置する交検庫や修繕庫から少し離れ、入出区線にそのまま接続する形に配置されていた。この仕業庫は一般的な2線庫ながらL形の建物になっており、左側の長い線路のほうには主に重連出区する機関車が入線。2輌の機関車の同時検査が行なわれていた。（篠ノ井機関区）

↑この3線の仕業庫は交検庫や修繕庫と一体化した大きな建物で，何輌もの仕業検査を同時にできる規模のものである。蒸気機関車時代から使われてきた検修庫なので，電車用交検庫並みの長いパンタグラフ点検台を地上設置しているのが特徴。この点検台は庫内全長にわたっていて，両端部のみ転落防止柵になっている。（新鶴見機関区）→

←↑ここは隣接する大規模貨物ターミナル駅をサポートする機関車非配置基地。入線する機関車はロングラン運用の途中のものが多く，規定された仕業検査をこの仕業庫内で受けている。この仕業庫は電気機関車用としては標準的な形態だが，ピットは通常タイプで，パンタグラフ点検台に向かい合う転落防止柵も設けられていない。（大井機関区）

↑全体的にノーマルな形態と言える2線のディーゼル機関車用仕業庫。建物自体が3線庫並みの大きさのために線路間にはかなりの余裕があり，妻壁が大きく開口されていることもあって作業性に優れていることを感じさせる。庫内設備はピットだけだが，これは仕業庫として標準的な仕様。大きな作業が発生した場合には交検庫のほうに移されるのであろう。（吹田機関区）

庫内に引き込まれた線路が1本だけという，コンパクトサイズのディーゼル機関車用仕業庫。ここは首都圏の貨物駅で入換に使われるDE10やDE11の大量配置基地だったが，日常の仕業検査は出先で行なわれるので，どちらかと言うと運用から離れた機関車の留置場所のように使用されていたようだ。（川崎機関区）↓→

転削庫は車輪踏面の偏摩耗や発生したフラットの修正を目的にした検修庫。コンパクトサイズの建物ながら庫内には専用機械が設置されていて、下まわりの整備の中でも特に大掛かりと言える作業が行なわれる。これは独立した建物になっている転削庫の例で、庫内は電車が自走進入する架線域。ただ、編成から切り離された車輌の移動用にアントを持っている車輌基地も多い。（幕張車両センター）→

電車，客車用転削庫

↓西武鉄道小手指車両基地　　　国府津車両センター→

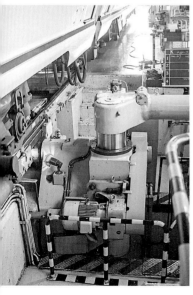

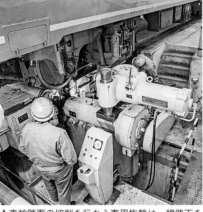

↑車輪踏面の切削を行なう専用旋盤は，線路下を掘り込んだピット状のところに設置されている。当該車輌を所定位置に停止させたら，加工部分のレールを横方向に逃がし，ローラーが支える車輪を回転。下側からチップを並べたカッターを持ち上げることで切削が行なわれる。（尾久客車区）→

↑降雪期以外にDD16-300のラッセルヘッドを収容していた，屋根上点検台を持つディーゼル機関車用検修庫（篠ノ井機関区）

発売中のSHIN企画の書籍についてお知らせしています　https://shin-kikaku.jimdofree.com/

資料 検修庫とその内外

2024年2月10日発行

ISBN978-4-916183-49-1

編集／発行者・橋本　真ⓒ

発行所・SHIN企画　〒201-0005 東京都狛江市岩戸南1-1-1-406

発売所・ 株式会社 機 芸 出 版 社　〒157-0072 東京都世田谷区祖師谷1-15-11